Anonym

Unter- und Obersumme als Herleitung zur Integralrechnung

GRIN Verlag

Bibliografische Information der Deutschen Nationalbibliothek:

Die Deutsche Bibliothek verzeichnet diese Publikation in der Deutschen National-
bibliografie; detaillierte bibliografische Daten sind im Internet über http://dnb.d-
nb.de/ abrufbar.

Impressum:

Copyright © 2013 GRIN Verlag GmbH
Druck und Bindung: Books on Demand GmbH, Norderstedt Germany
ISBN: 978-3-656-70369-3

Dieses Buch bei GRIN:

http://www.grin.com/de/e-book/276513/unter-und-obersumme-als-herleitung-zur-
integralrechnung

GRIN - Your knowledge has value

Der GRIN Verlag publiziert seit 1998 wissenschaftliche Arbeiten von Studenten, Hochschullehrern und anderen Akademikern als eBook und gedrucktes Buch. Die Verlagswebsite www.grin.com ist die ideale Plattform zur Veröffentlichung von Hausarbeiten, Abschlussarbeiten, wissenschaftlichen Aufsätzen, Dissertationen und Fachbüchern.

Besuchen Sie uns im Internet:

http://www.grin.com/

http://www.facebook.com/grincom

http://www.twitter.com/grin_com

Mathematik
SGJ1C
2012/2013

Unter- und Obersumme als Herleitung zur Integralrechnung

Inhaltsverzeichnis

Einleitung

Die in Abbildung 1 markierte Fläche soll berechnet werden.

Abbildung 1

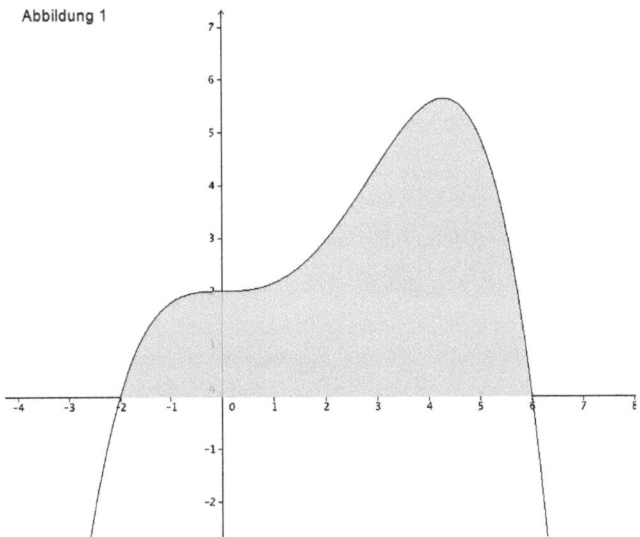

Doch wie berechnet man so etwas?

Keine aus der Mittelstufe bekannten Formeln und/oder Verfahren könnten die Lösung sein.

Das Problem ist die Form der Funktion und die daraus resultierende Form der Fläche die berechnet werden soll.

In dieser Ausarbeitung wird ein Verfahren vorgestellt und erklärt mit dem man genau solche Flächen berechnen kann.

Der Grundgedanke dabei ist, die farbig markierte Fläche in Rechtecke zu unterteilen.

Näherungsweise Berechnung von Flächeninhalten

In diesem Kapitel erläutere ich die näherungsweise Berechnung einer Fläche mit Hilfe der Ober- und Untersumme, die in einem bestimmten Intervall unter einem Graphen liegt.

Die unter der Funktion $f(x) = x^2$ markierte Fläche soll näherungsweise berechnet werden.
Die markierte Fläche stellt dabei ein Intervall dar, welches durch zwei x-Werte (x_1 und x_2) eingegrenzt wird(siehe Abbildung 2).

a. Die Vorgehensweise mit Hilfe der Untersumme an dem konkreten Beispiel:

$f(x) = x^2$ im Intervall $[1; 4]$, d.h. $x_1 = 1$ und $x_2 = 4$

Dafür unterteilt man die markierte Fläche innerhalb des gegebenen Intervalls (1; 4) in vier Rechtecke, die <u>unter</u> der Funktion liegen (siehe Abbildung 3).

Um die Fläche der einzelnen Rechtecke zu berechnen, geht man nach der allgemeinen Flächeninhaltsformel
A = Grundseite*Höhe vor.
Dabei berechnet man die Grundseite, die in diesem Fall die Breite b darstellt, indem man folgende Formel verwendet:

$$b = \frac{x_2 - x_1}{n}$$

Dabei bezeichnet das „n" die Anzahl der Rechtecke unter dem Graphen.

Daraus ergibt sich für unser Beispiel:

4

$$b = \frac{4-1}{4} = 0{,}75$$

Somit ergibt sich, dass 0,75 unsere Breite der Rechtecke ist. Diese Breite wird auch für die Obersumme gelten, da egal für welche Summe, d.h. die Ober-oder Untersumme, man die Breite berechnet hat, die errechnete Breite gilt immer für beide Summen.

Als Höhe verwendet man jeweils den Funktionswert $f(x)$.

Daraus ergibt sich wiederum für unser konkretes Beispiel:
$$f(x) = x^2$$

Um den Flächeninhalt der Rechtecke nun zu berechnen, setzt man bestimmte x-Werte $(x_1; x_2; x_3; ...)$ in die Funktion ein. Diese „bestimmten" x-Werte sind vom Monotonieverhalten der Funktion abhängig. Dies kann man sich folgendermaßen vorstellen:

Ist eine Funktion in dem gekennzeichneten Intervall steigend, so benutzt man bei der Untersumme die linken x-Werte der Rechtecke, ist die Funktion in dem gekennzeichneten Intervall fallend, so benutzt man deren rechten x-Werte.

Da in unserem konkreten Beispiel die Funktion innerhalb des gegebenen Intervalls steigend ist, benutzen wir hier die linken x-Werte.

Für die Berechnung ergibt sich daraus folgendes:

1. Man nimmt den ersten linksseitigen x-Wert (x_1) des Intervalls und setzt diesen in die Funktion ein. Das Ergebnis multipliziert man mit der zuvor errechneten Breite.
   So erhält man als Ergebnis den Flächeninhalt A des ersten Rechteckes.

2. Nun addiert man den ersten x-Wert (x_1) und die errechnete Breite. Das Ergebnis stellt den zweiten x-Wert (x_2) dar, den man nun in die Funktion einsetzt und wiederum mit der Breite multipliziert. Dies ergibt den zweiten Flächeninhalt usw., je nach Anzahl der vorhandenen Rechtecke.

3. Die Anzahl der zu berechnenden x-Werte lässt sich aus der Anzahl der Rechtecke in dem Intervall ableiten. Da man jedoch bei der Untersumme mit dem linkseitigen x-Wert arbeitet, gilt hier $f(x_{n-1})$ (siehe Abbildung 4). Aus den oben genannten Schritten lassen sich folgende Formeln ableiten:

$$1. \ x_{n+1} = x_n + b$$

$$2. \ A = b * f(x_1) + b * f(x_2) + b * f(x_3) + b * f(x_{n-1})$$

Daraus ergibt sich für unser Beispiel:

1. $x_1 = 1; \ x_2 = 1{,}75; \ x_3 = 2{,}5; \ x_4 = 3{,}25$

   (x_5 wäre in unserem Beispiel 4 und entfällt, da dieser Wert bei der Untersumme auf der linken Seite des Rechtecks liegt und die 4 aber bereits die Intervallgrenze darstellt.)

2. $A = 0{,}75 * f(1) + 0{,}75 * f(1{,}75) + 0{,}75 * f(2{,}5) + 0{,}75 * f(3{,}25)$

$A = 0{,}75 + 2{,}3 + 4{,}7 + 7{,}92$

$\underline{A \approx 15{,}67 FE}$

Da wir hier die Untersumme berechnet haben lautet die Schreibweise: $U_4 = 15{,}67 \ FE$ „U" steht dabei für Untersumme und „4" für die Anzahl der Rechtecke.

b. Die Vorgehensweise mit Hilfe der Obersumme an dem konkreten Beispiel:

$$f(x) = x^2 \text{ im Intervall } [1;4], \text{ d.h. } x_1 = 1 \text{ und } x_2 = 4$$

Dafür unterteilen wir die markierte Fläche ebenfalls in Rechtecke innerhalb des Intervalls $(1; 4)$. Diese liegen jedoch <u>über</u> der Funktion. (Siehe Abbildung 5).

Bei der Berechnung der Breite für die Obersumme geht man genauso vor wie bei der Untersumme. Jedoch gibt es einen entscheidenden Unterschied bei der Berechnung der Höhe.

Wie bei der Untersumme benötigt man auch hier „bestimmte" x-Werte, die man in die Funktion einsetzen kann. Diese x-Werte sind ebenfalls vom Monotonieverhalten der Funktion abhängig. Ist eine Funktion in dem gekennzeichneten Intervall steigend, so benutzt man bei der Obersumme die rechtsseitig liegenden x-Werte der Rechtecke. Ist eine Funktion in dem gekennzeichneten Intervall fallend, so benutzt man die linksseitig liegenden x-Werte der Rechtecke.

Da in dem gegebenen Beispiel die Funktion innerhalb des Intervalls steigend ist, benutzt man die rechten x-Werte (siehe Abbildung 6).

Anstatt 1; 1,75; 2,5 und 3,25, die sich aus der Linksseitigkeit der x-Werte für die Untersumme ergeben haben, ergeben sich aufgrund der Rechtsseitigkeit der x-Werte bei der Obersumme folgende x-Werte zur Berechnung der einzelnen Flächeninhalte: 1,75; 2,5; 3,25 und 4 ein.

Daraus ergibt sich durch die Addition derselben ein neuer und logischerweise auch größerer Flächeninhalt.

Daher gilt:

$$A = b * f(x_1) + b * f(x_2) + b * f(x_3) + b * f(x_n)$$

In unserem Beispiel sieht dies dann folgendermaßen aus:

$x_1 = 1{,}75; \; x_2 = 2{,}5; \; x_3 = 3{,}25; \; x_4 = 4$

$A = 0{,}75 * f(1{,}75) + 0{,}75 * f(2{,}5) + 0{,}75 * f(3{,}25) + 0{,}75 * f(4)$

$A = 2{,}3 + 4{,}69 + 7{,}92 + 12$

$\underline{A \approx 26{,}91 FE}$

Da man gerade die Obersumme berechnet hat, lautet die Schreibweise nun:
$O_4 = 26{,}91 \; FE$

„O" ist dabei die Abkürzung für die Obersumme und die „4" steht für die Anzahl der Rechtecke.

Hat man nun die beiden Ergebnisse aus Ober- und Untersumme, nutzt man diese zur Ermittlung des Mittelwerts, der den Näherungswert der zu berechnenden Fläche darstellt.

Die Formel hierfür lautet allgemein:

$$A \approx \frac{O_n - U_n}{2}$$

Daraus ergibt sich für unser Beispiel:

$$A \approx \frac{26{,}91 - 15{,}67}{2}$$

$\underline{A \approx 11{,}24 \; FE}$

Aus den in a. und b. gezeigten Rechnungen lässt sich für den Flächeninhalt allgemein folgende Aussage treffen (siehe Abbildung 7):

$$U_n \leq A \geq O_n$$

c. Zusammenfassung für die Berechnung der Ober-und Untersumme

allgemein:

1.Schritt:

Berechnung der Breite der Rechtecke

$$b = \frac{x_2 - x_1}{n}$$

2.Schritt:

Ermittlung der „bestimmten" x-Werte zum Einsetzen in die gegebene Funktion

$$x_{n+1} = x_n + b$$

3.Schritt:

Ermittlung der Flächeninhalte der einzelnen Rechtecke

für die Untersumme:

$$A = b * f(x_1) + b * f(x_2) + b * f(x_3) + b * f(x_{n-1})$$

für die Obersumme:

$$A = b * f(x_1) + b * f(x_2) + b * f(x_3) + b * f(x_n)$$

4.Schritt:

Ermittlung des Näherungswertes („Ungefähr"- Wert) für den Flächeninhalt:

$$A \approx \frac{O_n - U_n}{2}$$

Wichtig und damit zu beachten ist:

1. Die „bestimmten" x-Werte sind vom Monotonieverhalten der Funktion abhängig.

9

a. Untersumme:
  i. bei steigendem Monotonieverhalten = linksseitige x-Werte
  ii. bei fallendem Monotonieverhalten = rechtseitige x-Werte
b. Obersumme:
  i. bei steigendem Monotonieverhalten = rechtseitige x-Werte
  ii. bei fallendem Monotonieverhalten = linksseitige x-Werte

2. Bei der Untersumme gilt außerdem: $f(x_{n-1})$

3. Bei der Obersumme gilt hingegen: $f(x_n)$

4. Dieses Verfahren ist ein guter Weg, um sich dem Flächenhalt unterhalb eines Graphen anzunähern. Jedoch genau da liegt ein Schwachpunkt dieses Verfahrens:

Die Flächen werden nur näherungsweise bestimmt, d.h. man erhält so kein genaues Ergebnis.

Um das Problem der Ungenauigkeit der Ergebnisse zu verringern, wird das markierte Intervall in immer mehr Rechtecke unterteilt. (Siehe Abbildung 8)

So kommt man dann dem tatsächlichen Flächeninhalt immer ein Stückchen näher, doch ganz genau bestimmen, kann man ihn damit immer noch nicht.

Um dies nun endgültig zu erreichen, bildet man einen Grenzwert für die Ober-und Untersumme. Dies bedeutet, man lässt die „n"-Rechtecke Richtung „unendlich"(∞) streben:

$$n \rightarrow \infty.$$

Grenzwertbestimmung bei Ober-und Untersumme

In diesem Kapitel wird an einem konkreten Beispiel erklärt, wie man eine Fläche unter einem Graphen **in Abhängigkeit von n** mit Hilfe der Grenzwertbestimmung bei der Ober-und Untersumme berechnet.

Das Verfahren

Die Funktion $f(x) = x^2$ wird in dem Intervall $[0; 4]$ in „n"-Rechtecke unterteilt.

a. Berechnung bei der Untersumme:

Zunächst berechnet man die Breite:

$$b = \frac{x_2 - x_1}{n}$$

Die Breite in unserem Beispiel beträgt:

$$b = \frac{4 - 0}{n}$$

$$b = \frac{4}{n}$$

Im zweiten Schritt wird die Höhe berechnet:

Dazu multipliziert man den Term der errechneten Breite $b = \frac{4}{n}$ mit den einzelnen Zahlen innerhalb des Intervalls. Das Ergebnis daraus stellt nun die einzelnen x-Werte dar, die in die Funktion eingesetzt werden. Jedoch muss man beachten, dass man bei der Berechnung der Untersumme immer nur bis zu dem vorletzten x-Wert (n-1) vor Intervallende durchmultipliziert.

Daraus ergibt sich für unser Beispiel $f(x) = x^2$:

$$U_n = \frac{4}{n}\left[f\left(\frac{4}{n}\right) + f\left(2 * \frac{4}{n}\right) + f(3 * \frac{4}{n})\right]$$

$$U_n = \frac{4}{n}\left[\left(\frac{4}{n}\right)^2 + \left(2 * \frac{4}{n}\right)^2 + \left(3 * \frac{4}{n}\right)^2\right]$$

$\left(\frac{4}{n}\right)^2$ ausgeklammert

$$U_n = \frac{4^3}{n^3}[1^2 + 2^2 + 3^2]$$

Um nun weiterrechnen zu können, benutzt man eine spezielle Formel, die sog. „Summenformel", die fest dafür vorgeschrieben ist und die sich aus dem von mir zuvor beschriebenen Rechenweg ergibt:

$$U_n = \frac{1}{6}z(z + 1)(2z + 1)$$

Diese Formel gilt für alle quadratischen Funktionen. Je nach Art der Funktion gilt eine andere Formel die in jeder Formelsammlung zu finden ist. Das „z" ersetzt hierbei das zuvor verwendete „n".

Da wir hier jedoch die Untersumme berechnen, muss man die Formel noch umwandeln, woraus sich Folgendes ergibt:

$$U_n = \frac{1}{6}z(z - 1)[2(z - 1) + 1]$$

$$U_n = \frac{1}{6}z(z - 1)(2z - 1)$$

Da das „z" für „n" steht, und wir gerade die Untersumme berechnen, bei der gilt "$n - 1$", setzt man anstatt "$z + 1$" "$z - 1$" ein.

Daraus folgt für das konkrete Beispiel:

$$U_n = \frac{4^3}{n^3} * \frac{1}{6}n(n - 1)(2n - 1)$$

$$U_n = \frac{64}{n^3} * \frac{1}{6}n(n - 1)(2n - 1)$$

$$U_n = \frac{32}{3} * \left(\frac{n-1}{n}\right) * \left(\frac{2n-1}{n}\right)$$

$$U_n = \frac{32}{3} * \left(1 - \frac{1}{n}\right) * \left(2 - \frac{1}{n}\right)$$

$$\lim_{n\to\infty} U_n = \frac{32}{3} * 1 * 2$$

$$\lim_{n\to\infty} U_n = \frac{64}{3} FE$$

b. Berechnung bei der Obersumme

Die Berechnung der Obersumme verläuft nach dem gleichen Schema wie bei der Untersumme.

Als ersten Schritt berechnet man die Breite. Diese haben wir für das konkrete Beispiel schon bei der Berechnung der Untersumme bestimmt ($b = \frac{4}{n}$).

Im zweiten Schritt berechnet man auch hier die Höhe:

Dazu multipliziert man den Term der errechneten Breite $b = \frac{4}{n}$ mit den einzelnen Zahlen innerhalb des Intervalls. Das Ergebnis daraus stellt nun die einzelnen x-Werte dar, die in die Funktion eingesetzt werden.

Zu beachten ist hierbei, dass man bei der Obersumme die Zahlen bis zum Intervallsende durchmultipliziert.

Dies bedeutet für unser konkretes Beispiel:

$$O_n = \frac{4}{n}\left[f\left(\frac{4}{n}\right) + f\left(2*\frac{4}{n}\right) + f\left(3*\frac{4}{n}\right) + f\left(4*\frac{4}{n}\right)\right]$$

$$O_n = \frac{4}{n}\left[\left(\frac{4}{n}\right)^2 + \left(2*\frac{4}{n}\right)^2 + \left(3*\frac{4}{n}\right)^2 + \left(4*\frac{4}{n}\right)^2\right]$$

$$O_n = \frac{4^3}{n^3}[1^2 + 2^2 + 3^2 + 4^2]$$

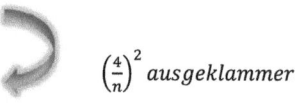 $\left(\frac{4}{n}\right)^2$ *ausgeklammert*

Um nun weiterzurechnen, benutzt man die für quadratischen Funktionen vorgesehene allgemeine „Summenformel" (siehe Berechnung Untersumme).

$$U_n = \frac{1}{6}z(z+1)(2z+1)$$

Daraus folgt:

$$O_n = \frac{4^3}{n^3} * \frac{1}{6}n(n+1)(2n+1)$$

$$O_n = \frac{64}{n^3} * \frac{1}{6}n(n+1)(2n+1)$$

$$O_n = \frac{32}{3} * \frac{(n+1)}{n} * \frac{(2n+1)}{n}$$

$$O_n = \frac{32}{3} * \left(1+\frac{1}{n}\right) * \left(2+\frac{1}{n}\right)$$

$$\lim_{n\to\infty} O_n = \frac{32}{3} * 1 * 2$$

$$\lim_{n\to\infty} O_n = \frac{64}{3} FE$$

1.Schritt:

Berechnung der Breite $b = \frac{x_2 - x_1}{n}$

2. Schritt:

Term der errechneten Breite mit den einzelnen Zahlen innerhalb des Intervalls durchmultiplizieren

Zu beachten ist: Bei der Berechnung der Untersumme immer nur bis zu dem vorletzten x-Wert (n-1) vor Intervallende durchmultiplizieren

3. Schritt

Ergebnis aus Schritt 2 in den gegebenen Funktionswert einsetzen

4. Schritt

Die für die Funktion vorgesehene Summenformel anwenden

5. Schritt

Grenzwert bilden $\lim\limits_{n \to \infty}$

Bei der Unterteilung in n viele Rechtecke wird auch die Breite b kleiner und strebt gegen 0. Daher kann man folgende Aussage treffen:

$$A = \lim_{n\to\infty} U_n = \lim_{n\to\infty} O_n = \lim_{b\to 0} U_n = \lim_{b\to 0} O_n$$

(Kein Bild im Anhang, da n immer und immer größer wird)

Integralrechnung

In der Mathematik bezeichnet man die Bildung des Grenzwertes ($n \to \infty$) bei Ober-
und Untersumme in einem bestimmten Intervall als ein „bestimmtes" Integral (siehe
Abbildung 9). Dieses führt zu folgender Schreibweise (siehe Abbildung 10):

$$\int_a^b f(x)dx$$

Daher gilt:

$$A = \lim_{n \to \infty} U_n = \lim_{n \to \infty} O_n = \lim_{b \to 0} U_n = \lim_{b \to 0} O_n = \int_a^b f(x)dx$$

Um die Integralrechnung und damit auch das Integrieren besser zu verstehen, gibt
es den sogenannten Hauptsatz der Integralrechnung.

Die Herleitung zum Hauptsatz der Integralrechnung

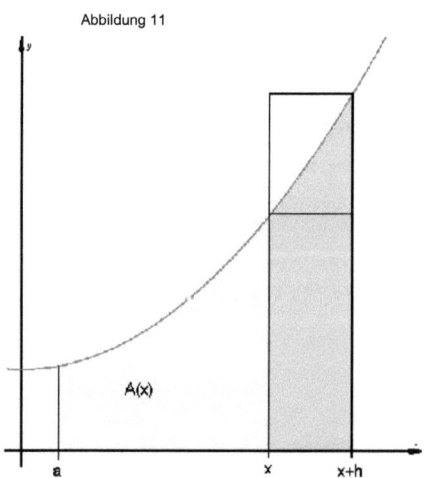

Abbildung 11

„Angenommen, wir kennen die Fläche A(x) zwischen Kurve und x-Achse im Intervall

16

a bis x (gelb)und ändern nun die Fläche um eine Verlängerung um h (grün)"
(Böhm,2011).

Um nun die gesamte Fläche zu ermitteln geht man folgender Maßen vor: Die grüne
Fläche lässt sich durch Ober-und Untersumme abschätzen. Dabei gilt:

$$U \leq A \leq O$$

Als „U" kann man auch $f(x_0) * h$, und als „O" $f(x_0 + h) * h$ schreiben. Dabei steht „h"
für die Breite.

Daraus folgt:

$$f(x_0) * h \leq A \leq f(x_0 + h) * h$$

Um nun die Fläche des grünen Abschnittes zu berechnen geht man folgender Maßen
vor:

$$f(x_{0)} * h \leq A(x_0 + h) - A(x_0) \leq f(x_0 + h) * h \quad |:h$$

$$f(x_{0)} \leq \frac{A(x_0 + h) - A(x_0)}{h} \leq f(x_0 + h)$$

$$\lim_{h \to 0} f(x_0) \leq \lim_{h \to 0} \frac{A(x_0 + h) - A(x_0)}{h} \leq \lim_{h \to 0} f(x_0 + h)$$

$$f(x_0) \leq A'(x_o) \leq f(x_0)$$

Daraus folgt:

$$f(x_0) = A'(x_0)$$

Das heißt, dass die Ableitung der Fläche die Funktion des Graphen darstellt. Somit
ist $A(x_0)$ eine Stammfunktion von $f(x_0)$ und stellt gleichzeitig das Integral dar.

Anhang

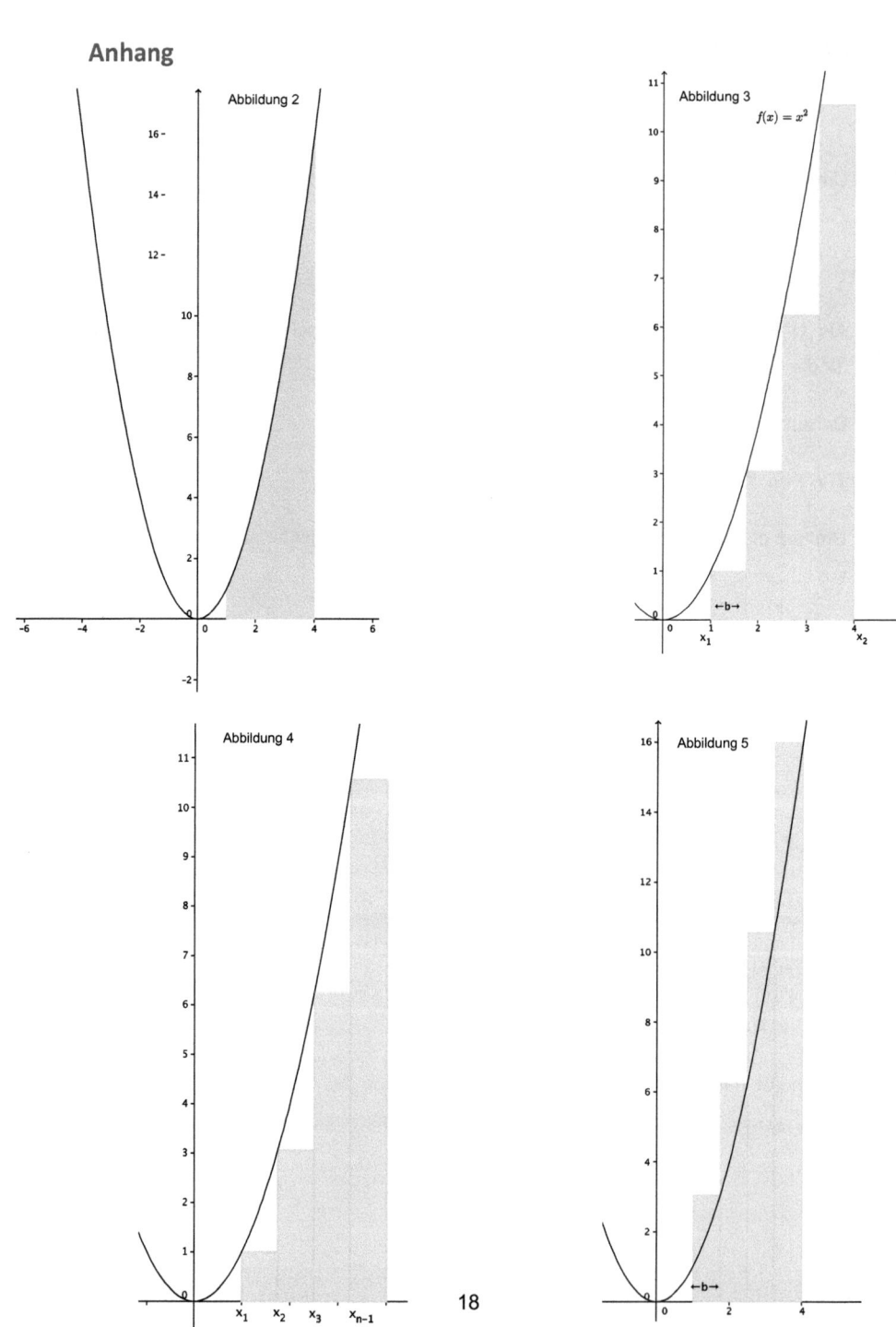

Abbildung 2

Abbildung 3

$f(x) = x^2$

Abbildung 4

Abbildung 5

18

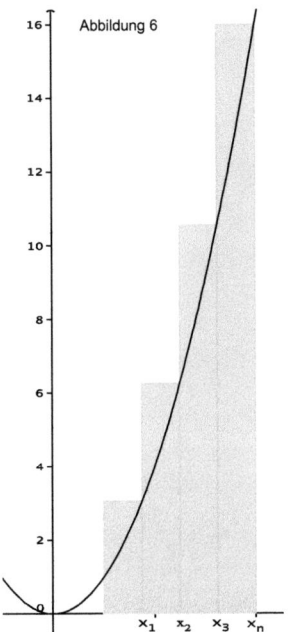

Abbildung 6

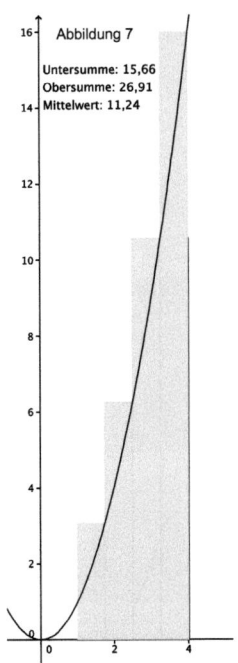

Abbildung 7

Untersumme: 15,66
Obersumme: 26,91
Mittelwert: 11,24

Abbildung 8

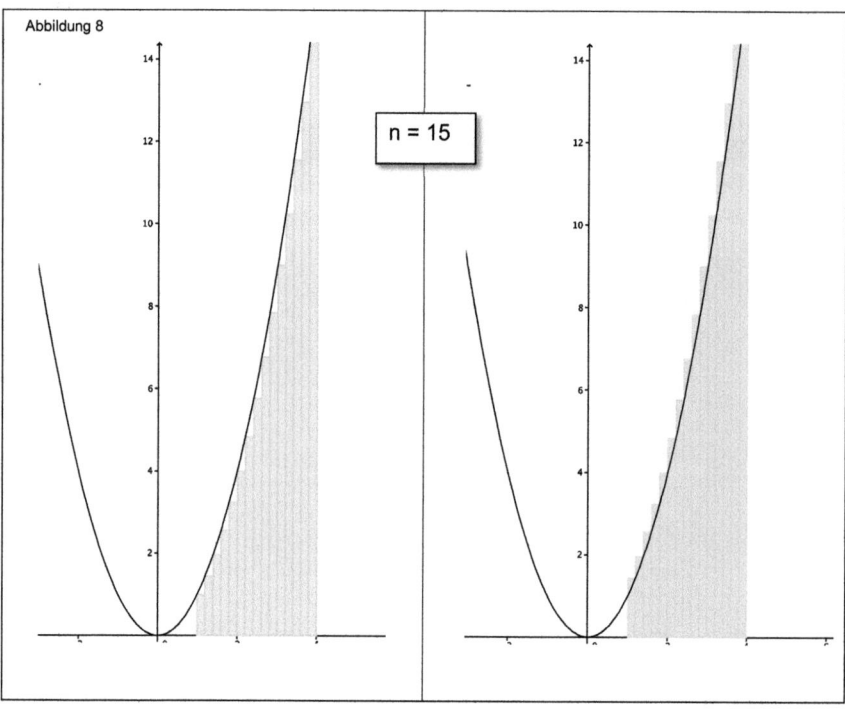

n = 15

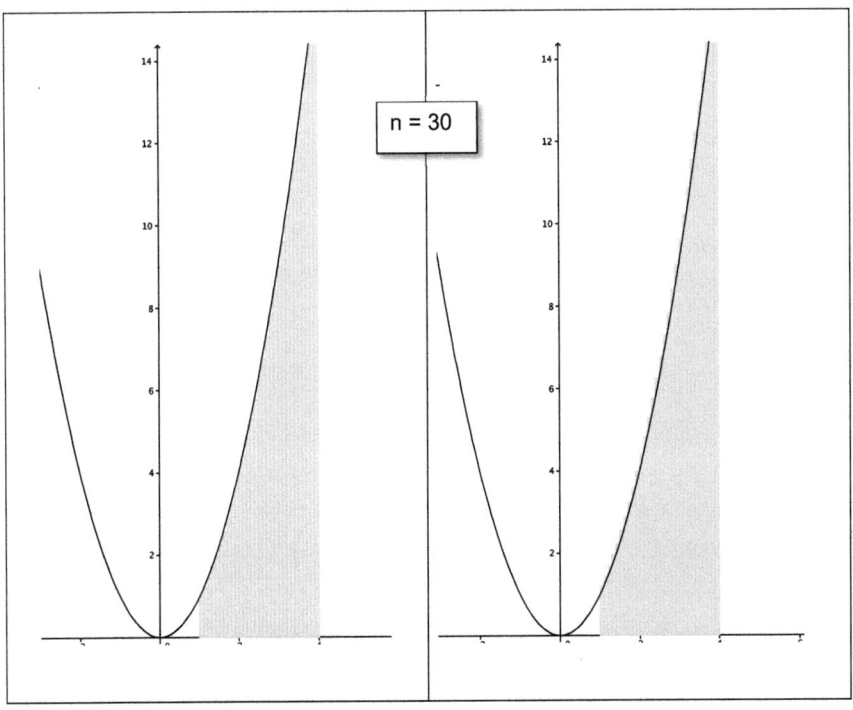

n = 30

21

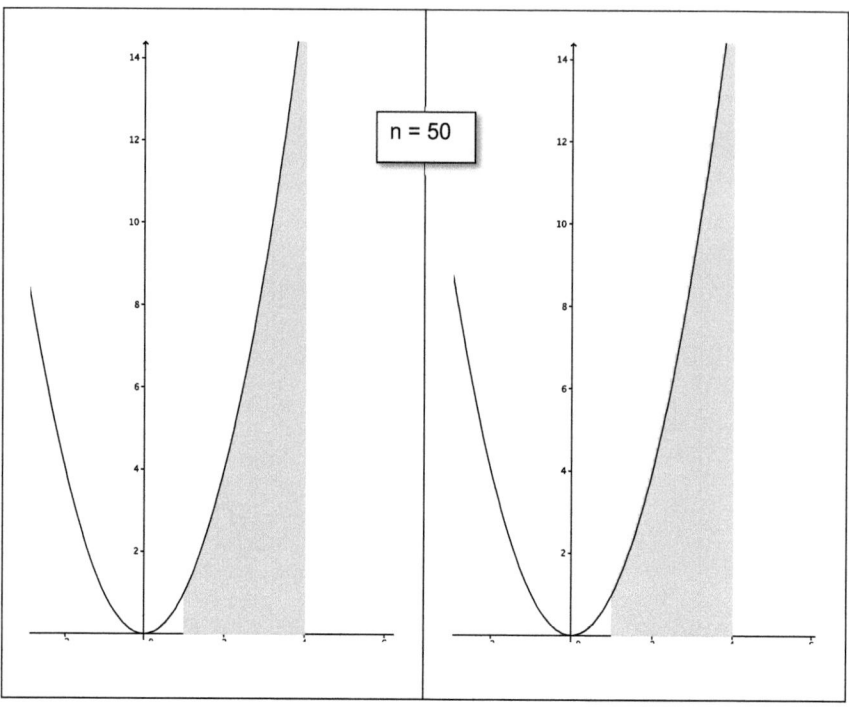

Abbildung 9

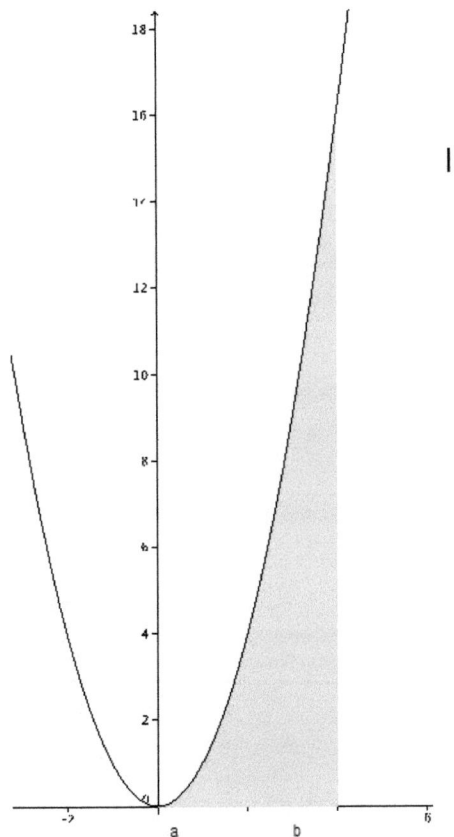

Abbildung 10

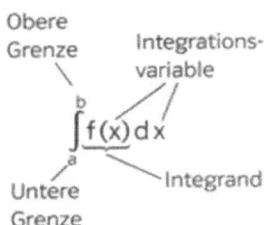

Quellenverweis

Jörg Heiß und weitere: Lambacher Schweizer Mathematik für Berufliche Gymnasien, 1. Auflage, Klett Verlag, 2008, S137-142

Böhm: Integralrechnung, www.bkonzepte.de (10.03.2013)

Sandra Kusch (Nachhilfelehrerin)

Bildverweis

Abbildung 1-9 mit Hilfe des Programms „GeoGebra" selbst erstellt

Abbildung 10: Jörg Heiß und weitere: Lambacher Schweizer Mathematik für Berufliche Gymnasien, 1. Auflage, Klett Verlag, 2008, S.143

Abbildung 11: Böhm: Integralrechnung, www.bkonzepte.de (10.03.2013)